Barre

V

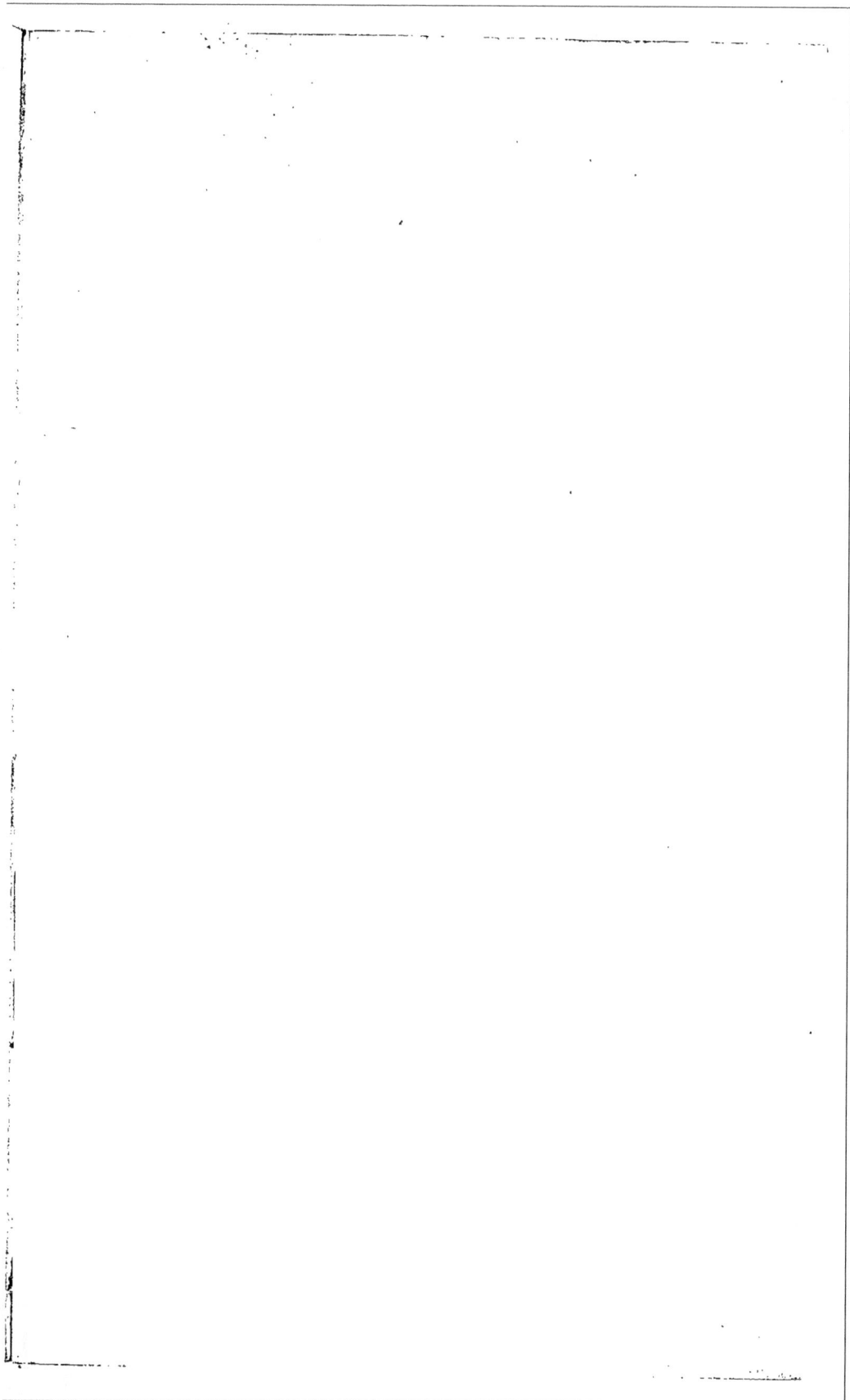

©

31479

UN MOT

Sur les prétendus Inventeurs, et sur quelques
Moyens et Procédés distillatoires pour lesquels Édouard Adam et Antoine Barre,
ur brevetés.

Par Ant.e BARRE.

Autant il est juste et dans l'intérêt public,
que la jouissance exclusive soit assurée à celui
qui est reconnu être l'auteur d'une découverte ou nouvelle invention ; autant il est
peu raisonnable et contraire à l'intérêt de
la société, que des personnes cherchent à
s'approprier (par l'obtention d'un brevet) le
mérite de l'invention, et l'utilité de certains
moyens et procédés distillatoires déjà connus,
et décrits dans des brevets antérieurs.

Ces personnes agissent sans doute de bonne
foi ; mais la bonne foi et l'erreur ne sont point
une excuse dans ces sortes de matières.

Autant je mets de zèle à soutenir les droits
des brevetés réunis par acte du 22 août 1810,
comme associé et comme mandataire des ad-
ministrateurs de cette association, autant je
suis disposé à faire tout ce qui dépendra de
moi pour éclairer MM. les fabricans sur
l'esprit et le texte des lois relatives aux brevets
d'invention ; sur la théorie de la nouvelle

méthode, inventée dans le midi de la France, pour la distillation des vins et marcs de raisin; sur l'histoire de sa découverte ; sur les principes, moyens et procédés décrits dans les divers brevets qui furent obtenus primitivement ; enfin sur les imperfections de ces moyens et procédés; et sur les moyens les plus propres pour les faire disparaître ou les diminuer, de manière qu'il soit aisé à chacun d'eux (pour peu qu'ils aient de l'érudition) de reconnaître le véritable inventeur, et de le distinguer de celui qui ne fait autre chose qu'amalgamer et réunir des moyens connus, sans ajouter à ces moyens aucune idée nouvelle, aucun perfectionnement : ce sera dans un ouvrage que je me propose de publier par souscription, de suite après l'expiration des principaux brevets et leurs prolongations, que je ferai des efforts pour atteindre ce but.

En attendant, je crois faire une chose agréable au public intéressé, en lui donnant, par cet écrit, une idée de quelques articles de la loi, et de quelques-uns des principes, moyens et procédés distillatoires pour lesquels Édouard Adam et moi fûmes brevetés; il pourra peut-être faire apercevoir l'utilité (sous quelques rapports) de l'ouvrage auquel je travaille; et si ce petit écrit n'a point ce résultat, il aura du moins celui d'ouvrir les yeux aux prétendus inventeurs de bonne foi, et à ceux des fabricans qui pouvaient être entraînés à se livrer à leurs idées.

Sans doute les principes généraux appartiennent à la science, et c'est de leur application nouvelle à un art quelconque, que le législateur a entendu parler, lorsqu'il a déterminé à l'article 4 de la loi du 7 janvier 1791 : « que celui qui voudra s'assurer une « propriété industrielle, devra déposer sous « cachet une description exacte des princi- « pes, moyens et procédés qui constituent « la découverte. »

Ainsi, lorsque j'ai consigné, dans un des mémoires que je vais transcrire, les principes sur lesquels sont basés les appareils que j'ai imaginés, je n'ai pu prétendre à l'invention de ces principes, mais seulement à l'invention de leur application à la distillation des vins, et à la rectification des esprits qui en proviennent, de même qu'à l'invention des moyens et procédés propres à faire cette application.

Édouard Adam, en décrivant l'effet des tubes plongeurs de son appareil, n'a pu non plus prétendre à l'invention du principe de la transmission du calorique dans un liquide par la vapeur, mais seulement à l'invention de l'application de ce principe à la distillation des vins , ainsi qu'à l'invention des moyens et procédés propres à faire cette application.

Je vais transcrire ce que j'ai dit, dans un de mes mémoires, des principes sur lesquels sont basés la plupart des appareils que j'ai imaginés ; je transcrirai ensuite succintement la description de quelques-uns des moyens et procédés que j'ai adoptés pour faire l'application de ces principes.

« Le but de toute distillation étant de
« séparer certains corps d'une agrégation
« commune, ou emploie le calorique pour
« opérer cette séparation , qui s'interpose
« entre leurs molécules , les divise, rompt
« une partie de leur affinité , et entraîne
« les plus légers, par son action expansive,
« hors du centre d'agrégation.

« Dans la distillation des vins, l'alcool ,
« quoique une des substances les plus vola-
« tiles qu'il contient , n'est pas enlevé seul
« à l'agrégation commune; l'action du calo-
« rique agit aussi sur une portion d'eau ,
« qu'il entraîne et qui se trouve combinée
« avec l'alcool.

« En exposant la vapeur de ces deux subs-
« tances, combinées à une température plus
« basse que celle à laquelle elle se trouve,
« il s'opère d'abord la condensation, si non

« totale, du moins partielle de celle de ces
« deux substances la moins volatile, c'est-
« à-dire, de l'eau qui retient encore quelques
« portions d'alcool.

« Ce phénomène n'a point échappé au
« docteur Solimani, professeur de chimie
« à l'école centrale du département du Gard,
« qui, dès l'an 9, demanda un brevet pour
« un appareil propre à la rectification des
« esprits de vin, dont le mécanisme ingé-
« nieux présentait un moyen très-propre à
« opérer la séparation du phlegme, en em-
« ployant le contact du cuivre plongé dans
« l'eau, dont la température réglait le terme
« de la rectification que l'on voulait obtenir.

« Cette application heureuse de l'affinité
« des corps pour le calorique, me parut
« susceptible d'être utilisée d'une manière
« plus directe, et je pensai dès lors, qu'en
« substituant à l'eau destinée à absorber le
« calorique de la portion phlegmatique de
« la vapeur combinée, une substance égale
« à celle qui était directement exposée à
« l'action expansive du calorique, je gagnerais
« autant de chaleur qu'il s'en dégagerait de
« la partie phlegmatique qui se condensait.

« Je crus aussi que la partie phlegmatique
« condensée, pourrait présenter à la vapeur
« combinée, un agent condensateur d'autant

« plus utile, que l'action du calorique serait,
« dans ce cas, employée à la vaporisation
« de la partie alcoolique, restée combinée
« au phlegme condensé.

« C'est d'après ces idées d'utilité que j'ai
« imaginé plusieurs appareils, dont j'ai remis
« successivement les plans et descriptions
« au gouvernement. »

Description du premier Appareil.

Cet appareil est composé 1.º d'un fourneau
et sa cheminée en cuivre ; 2.º de trois chaudières pour contenir le vin ; 3.º de quatre
réservoirs à alcool, 4.º de quatre alcogènes,
dénommées chaudières à vapeurs, chacune
surmontée d'un réservoir où coule incessamment le vin qui sert à rectifier l'alcool ;
5.º de cinq serpentins condensateurs ; 6.º
d'un serpentin de preuve ; 7.º enfin, de deux
bassins pour fournir le vin ou eaux-de-vie
aux chaudières et aux alcogènes.

La première chaudière est formée de deux
parties, l'une inférieure et l'autre supérieure:
l'inférieure renferme le fourneau et sa cheminée en cuivre ; à son fond est fixée une
douille armée d'un gros robinet, pour épan-
cher la vinasse ; à une de ses parties laté-
rale est fixé un tuyau terminé par un tube
de verre, destiné à laisser voir la hauteur

du vin dans la chaudière; enfin, à la partie supérieure de cette première chaudière, est un tuyau armé d'un robinet, qui dirige la vapeur dans un serpentin de preuve, dont le but est de reconnaître lorsque le vin, contenu dans la chaudière, se trouve entièrement dépouillé d'alcool.

La seconde chaudière est placée sur la première, de manière que le fond de cette seconde chaudière sert de couvert à la première; le vin y arrive des réservoirs des quatre alcogènes, et est vaporisé par la chaleur provenant de la première chaudière.

Sur cette seconde chaudière, s'élève un réservoir à alcool, surmonté lui-même par un autre réservoir, ainsi de suite jusques au nombre de quatre, dans lesquels les phlegmes des quatre alcogènes viennent se rendre par des tuyaux de rétrogradation, et y sont vaporisés par la chaleur qui leur est transmise des deux chaudières et réservoirs respectivement inférieurs. Le quatrième réservoir à alcool est enfin surmonté par la troisième chaudière, qui contient ou peut contenir un liquide égal ou différent de celui contenu dans la première chaudière: cette troisième chaudière a son serpentin condensateur ainsi que les quatre alcogènes.

Des tuyaux, armés de robinets, établissent

une communication des bassins à la troisième chaudière et aux alcogènes ; d'autres tuyaux établissent également une communication de la troisième chaudière au quatrième réservoir à alcool, et de celui-ci à celui qui lui est inférieur, ainsi de suite, de l'un à l'autre, jusques à la seconde et première chaudière.

Les réservoirs à alcool communiquent intérieurement entre eux, par des ouvertures placées alternativement à droite et à gauche, pour forcer la vapeur à les parcourir en zigzag.

Chaque tuyau de communication, entre un réservoir et son alcogène, est muni d'un robinet, de manière à pouvoir, suivant le besoin, obtenir à la fois de l'alcool à différens degrés de concentration, ou seulement tout le produit de la distillation au même degré de spirituosité.

Il est facile de reconnaître les moyens qui constituent cet appareil : le premier se trouve dans l'emploi du fourneau et sa cheminée en cuivre, placés dans la première chaudière, et par conséquent entourés de tout côté par le vin, unique moyen pour profiter de la presque totalité du calorique qui se dégage du combustible, ou pour ne perdre de chaleur que celle qui est entraînée par le courant d'air, indispensable pour entretenir ou procurer la combustion.

Le second existe dans la distillation des phlegmes et des vins contenus dans les réservoirs, et dans la seconde et troisième chaudière, par la chaleur médiate de la vapeur.

Le troisième se voit dans la rectification de la vapeur alcoolique ; par le vin qui coule incessamment dans les réservoirs placés sur les alcogènes et dans la vaporisation du vin, par la chaleur qui se dégage de la vapeur phlegmatique qui se condense.

Le quatrième se trouve, dans la communication des réservoirs à alcool, par des ouvertures opposées, pour forcer la vapeur à les parcourir en zigzag.

Le cinquième existe, dans les différens robinets, qui servent à ségréguer à volonté la vapeur, d'une partie de l'appareil.

On reconnaît enfin le sixième moyen, dans les tuyaux de rétrogradation, qui portent les phlegmes condensés de chaque alcogène, dans le réservoir à alcool qui lui est opposé.

Il résulte, de la combinaison de ces différens moyens, un procédé de distillation, que personne avant moi n'avait décrit ; c'est une espèce de distillation continue, caractérisée par deux circonstances.

Dans la première circonstance, le vin coule constamment des bassins, dans les ré-

*

servoirs placés sur les alcogènes. Le calorique de la vapeur phlegmatique est absorbée,
en partie, par les parois de l'alcogène, contre
lesquels elle frappe, et ces parois la trans-
mettant au vin qui les baigne, il s'ensuit
une vaporisation plus ou moins considérable
de l'alcool, contenu dans le vin ; cette vapeur alcoolique vient frapper les parois du
cylindre, dans lesquels les alcogènes sont
renfermés, et s'y condense. Le liquide, produit par cette condensation, est amené dans
la seconde chaudière, où il entre de nouveau
en état de vapeur, par une nouvelle combinaison de calorique.

Dans la seconde circonstance, lorsque le
vin contenu dans la première chaudière, est
entièrement dépouillé d'alcool (ce dont on
s'assure en essayant le liquide qui se condense
dans le serpentin de preuve après en avoir
ouvert le robinet), on ouvre la vidange
de cette première chaudière, on en laisse
écouler le liquide, jusques au point indiqué
sur le tube de verre placé à une des parties
latérales de ladite chaudière. Ce point marque
celui où il reste assez de liquide pour couvrir
le fourneau et sa cheminée, à ce moment
on referme la vidange, on ouvre celle de
la seconde chaudière, qui verse le liquide
de celle-ci dans la première chaudière ; on

ouvre successivement les vidanges des quatre
réservoirs qui se déversent, le premier dans
la seconde chaudière, et l'un dans l'autre,
jusques au quatrième, qui reste vide. Cette
opération dure au plus dix minutes; la distillation n'en est point interrompue.

Que MM. les prétendus inventeurs veuil-
lent bien prendre la peine de lire attenti-
vement cette description; qu'ils se rappellent
encore que la date de mon brevet remonte
à l'an 12 ou à l'an 1804, c'est-à-dire, qu'il
y a seize ans que les principes, moyens, et
procédés, qui constituent cet appareil, sont
consignés d'une manière authentique dans
les registres tenus à cet effet par le gouvernement.

Appareil à tuyaux rectificateurs, ou pour la rétrogradation des phlegmes.

« C'est sans doute, dans les arts, un per-
« fectionnement, celui par lequel, avec
« moins de frais et avec des moyens plus
« simples, l'on arrive au même résultat.

« Le moyen que j'ai imaginé, consiste,
« dans une division du serpentin ordinaire;
« je l'exécute en pratiquant un trou à la
« partie inférieure du second tour du ser-
« pentin; j'y adapte un tuyau avec un

« robinet ; je pratique un autre trou à la
« partie inférieure du troisième tour du
« serpentin, et j'y adapte un tuyau avec
« un robinet ; enfin, je fais une ouverture
« au quatrième tour du serpentin, j'y adapte
« également un tuyau avec un robinet. Ces
« trois tuyaux sont réunis à un quatrième
« tuyau, qui vient plonger, etc. etc. »

Deux moyens principaux sont employés
dans cet appareil : le premier consiste à
diviser le produit de la rectification, d'après
une méthode différente de celle imaginée
par le docteur Solimani, et suivie par Isaac
Bérard. Ceux-ci effectuent la séparation des
produits sur la vapeur, en la prenant du
bas en haut ; et moi j'effectue la séparation
du produit sur le liquide, en le prenant du
haut en bas.

Je fais l'application de cette propriété,
reconnue en physique, qu'ont les liquides,
de ne pouvoir s'échauffer du haut en bas,
et de celle qu'a le calorique, d'échauffer
les liquides à des degrés de température plus
élevés dans leurs parties supérieures que dans
leurs parties inférieures.

De la combinaison de ces phénomènes,
avec celui non moins reconnu, de l'affinité
qu'ont les corps pour le calorique, il résulte
une condensation du phlegme de la vapeur

alcoolique, toujours proportionnée ou relative, au degré de température du liquide qui baigne les parois du serpentin.

Enfin, le second moyen employé dans cet appareil, se trouve dans les tuyaux avec leur robinet, pour la rétrogradation des phlegmes ; leur utilité est si palpable, et leur emploi tellement répandu et varié, qu'il est superflu de la décrire.

Autre Appareil.

Cet appareil est adopté à une chaudière ordinaire ; il est composé d'un chapiteau, d'un alcogène d'égale forme à celui imaginé par le docteur Solimani, et d'un serpentin à tuyau rectificateur, ayant quatre refoulures.

Ce chapiteau, qui est la seule pièce dont je donnerai une idée, est un cylindre d'une dimension dont le diamètre est au moins égal à la demi de celui de la chaudière. Il est divisé en trois diaphragmes : les deux diaphragmes inférieurs sont percillés d'une infinité de trous ; le diaphragme supérieur est percé dans son centre. A cette ouverture est adopté un tuyau, etc. etc.

Le diaphragme le plus inférieur, ou celui qui est immédiatement sur la chaudière, reçoit les phlegmes qui se condensent dans l'alcogène ; le second diaphragme, ou celui qui suit, reçoit les phlegmes condensés dans le serpentin à tuyaux rectificateurs.

Ces deux diaphragmes percillés, sont à peu près, par rapport à la vapeur et aux phlegmes, ce que sont les pommes d'arrosoir, imaginées par Édouard Adam, et qu'il place à l'extrémité des tubes plongeurs.

Ces trous des diaphragmes, divisent la vapeur, la forcent de communiquer uniformément au liquide environnant ces trous, une partie du calorique libre et latent qu'elle contient, ainsi que le fait la pomme d'arrosoir d'Édouard Adam.

L'action de la vapeur sur le liquide, est immédiate dans le procédé imaginé par Édouard Adam, lorsque la vapeur traversant les trous de la pomme d'arrosoir pénètre le liquide. Elle est médiate, lorsque la vapeur, renfermée dans le tube, et pressant les parties de la pomme d'arrosoir non percillées, y dépose une partie de son calorique, qui est absorbé, jusques à un certain point, par le liquide en contact avec les parois du tube et de la pomme d'arrosoir.

L'action de la vapeur, dans mon procédé, est également médiate et immédiate : elle est médiate tout le temps que le liquide repose sur les diaphragmes ; mais elle devient immédiate, du moment que le liquide passe du second diaphragme sur le premier, et que du premier il tombe dans la chaudière. J'ai fait usage de ces diaphragmes percillés dans deux autres appareils, dont je me dispense de donner la description.

Je passe au développement des conséquences qui résultent de certains articles de la loi sur les brevets d'invention.

D'après l'article XV de la loi du 7 janvier 1791, à l'expiration de chaque brevet, ou de leur prolongation, s'il en est obtenu, « la dé- « couverte ou invention devant appartenir à « la société, la description en sera rendue « publique, et l'usage en deviendra permis « dans tout le royaume, afin que tout citoyen « puisse librement l'exercer et en jouir. »

D'après le n.º 3 de l'article XVI, « tout « inventeur ou se disant tel, qui sera con- « vaincu d'avoir obtenu un brevet pour des « découvertes, déjà consignées et décrites « dans des ouvrages imprimés et publiés, « sera déchu de son brevet.

« Tout moyen d'ajouter, à quelque fabri- « cation que ce puisse être, un nouveau « genre de perfection, sera regardé, d'après « l'article II (de la même loi), comme une « découverte ou invention. »

D'après l'article VI du titre II de la loi

du 25 mai 1791 , « tout propriétaire de
« brevet, qui voudra faire des changemens
« à l'objet énoncé dans sa première demande,
« sera obligé d'en faire sa déclaration , et de
« remettre la description de ses nouveaux
« moyens , etc. etc. »

D'après l'article VII , « si ce breveté ne
« veut jouir privativement de l'exercice de
« ses nouveaux moyens , que pendant la
« durée de son brevet , etc. etc.

« Il lui sera libre aussi de prendre de
« nouveaux brevets pour lesdits changemens
« ou nouveaux moyens , etc. etc. »

Il résulte, à ce qu'il me paraît , avec la
dernière évidence, de l'ensemble de ses différens articles :

1.º Que, pour être assuré de pouvoir jouir
du bénéfice de la loi sur les brevets d'invention , c'est-à-dire , que pour être déclaré
inventeur , il faut ajouter à une fabrication ,
un moyen qui donne à cette fabrication , un
nouveau genre de perfection ;

2.º Que ce moyen doit être nouveau, ou
n'avoir jamais été appliqué à ce genre de
fabrication , ni consigné et décrit pour cet
usage dans des ouvrages imprimés et publiés ;

3.º Que l'expiration d'un brevet, rendant
les moyens et procédés qui y sont décrits,
propriété publique, ces moyens et procédés

ne peuvent, sous aucun prétexte, devenir de nouveau la propriété particulière d'un individu.

Enfin, il paraît non moins évident, par l'exposé des différens principes, moyens et procédés que je viens de décrire, et de l'interprétation des articles de la loi, sur les brevets d'invention, que j'ai cités,

Que le principe de la transmition du calorique par la vapeur, ayant été appliqué de plusieurs manières et par différens moyens, tant par Édouard Adam que par moi, à la distillation du vin, il serait fort difficile que ceux qui se sont pourvus de brevets, pour l'emploi de ce principe, pussent soutenir victorieusement le titre d'inventeurs ou de perfectionneurs, s'il leur était disputé, puisque, dans le fait, les seules circonstances qui pourraient constituer quelque dissemblance dans les moyens, ne produisent que des résultats nuisibles et non avantageux.

Je ne citerai qu'un exemple pour démontrer cette vérité.

M. Baglioni a imaginé des plaques percillées, placées en spirale, sur lesquelles le vin s'étend, coule, et est dilaté et vaporisé par l'action médiate du calorique de la vapeur du liquide exposé directement sur le feu, et souvent par l'action immédiate de cette même vapeur, lorsque le vin se présente à l'orifice des trous des plaques où qu'il les traverse.

Il n'y a de nouveau, dans cette idée, que le mouvement du liquide sur les plaques, qui lui est procuré par la pente de celles-ci ; et c'est précisément de cette nouveauté que provient l'imperfection. Elle se démontre dans deux circonstances : la première se trouve dans la rapidité avec laquelle le vin parcourt les plaques, rapidité qui ne laisse pas assez de temps ce liquide exposé à l'action vaporisante du calorique. On pourrait, dira-t-on, sans changer de moyen, sans se servir d'autre agent, augmenter les plaques jusques au nombre suffisant, pour que le vin, en les parcourant, eut le temps de recevoir l'impression du calorique nécessaire à la vaporisation de tout l'alcool qu'il contient ; je pense, et il est à présumer, que cet accroissement de plaques serait impraticable, à raison de la gigantesque longueur qu'il faudrait donner à la colonne qui les formeraient, et que c'est sans doute ce motif qui a déterminé M. Privat de Mèze, à placer la colonne de M. Baglioni, sur deux chaudières, l'une sur l'autre, telles que je les ai décrites pour le premier appareil que j'ai imaginé, c'est-à-dire, la seconde pour recevoir le vin coulant de

mes alcogènes, ou pour recevoir, suivant
M. Privat, le vin coulant des plaques; et
la première, pour recevoir le vin soumis à
l'action directe du calorique, munie d'un
serpentin de preuve et d'un tube de verre,
suivant moi, ainsi que suivant M. Privat,
pour reconnaître la hauteur du liquide dans
la chaudière.

La nécessité démontrée d'augmenter hors
de mesure et d'une manière impraticable la
hauteur de la colonne; la nécessité d'adopter
deux vases distillatoires où le vin est stagnant,
prouve l'imperfection des plaques, empêché
que l'on puisse les considérer comme un
perfectionnement, et dès lors l'appareil employé par M. Privat, rentre dans la classe
de ceux uniquement construits d'après les
principes, moyens et procédés, sur lesquels
Édouard Adam et moi avons obtenu une
jouissance exclusive.

La seconde circonstance, qui prouve l'imperfection des plaques rangées en spirale,
c'est leur encroûtement par la lie du vin;
celui-ci, entraîné rapidement, ou vaporisé,
laisse après lui, cette lie pesante qui lui était
mêlée, et qu'il ne peut soutenir, ni entraîner,
n'ayant point assez d'épaisseur.

Je pourrais augmenter de beaucoup les
citations, et démontrer, qu'il ne s'est point

inventé de moyens distillatoires, qui aient porté une amélioration ou perfectionnement à l'art, depuis ceux imaginés par Solimani, Adam, moi, Fournier et Bérard.

Que tous les appareils qui ont été exécutés avec quelque sorte de perfectionnement, sont uniquement composés de différens moyens, décrits dans les brevets primitifs, et qu'ils ne sont qu'un amalgame desdits moyens, fait par des personnes qui, totalement étrangères à l'invention, ont usurpé un droit qu'elles n'avaient point ; mais je dépasserais de beaucoup les bornes que je me suis proposées de donner à cet écrit, ce ne sera que dans l'ouvrage dont j'ai parlé, que je traiterai, avec beaucoup d'étendue, cette partie, ainsi que les autres indiquées.

FIN

MONTPELLIER,

De l'Imprimerie d'Isidore TOURNEL Aîné,

rue Aiguillerie, n.º 43. (1820.)

www.ingramcontent.com/pod-product-compliance
Lightning Source LLC
Chambersburg PA
CBHW060537200326
41520CB00017B/5267